目　次

前　言

本标准按照 GB/T 1.1—2009《标准化工作导则第 1 部分：标准的结构和编写》给出的规则起草。

本标准参考 GB/T 13908—2002《固体矿产地质勘查规范总则》、DZ/T 0227—2010《地质岩心钻探规程》、MT/T 1042—2007《煤炭地质勘查钻孔质量标准》。

本标准由河南省地质矿产勘查开发局提出并归口。

本标准起草单位：河南省深部探矿工程技术研究中心、河南省小口径钻探工程技术研究中心。

本标准主要起草人：张宗恒　卢予北　张良　燕建设　陈莹　卢玮　刘志国　李永超　赵尊亭

本标准参加起草人：王建卢　王兴民　张古彬　罗永贵　申云飞　邢向渠

引　言

钻探是地质矿产勘查的主要工作手段之一。制定《非煤固体矿产勘查钻孔质量标准》对加强钻探工程的质量管理，规范非煤固体矿产勘查钻孔质量的验收评级工作具有重要的指导意义。本标准制定了非煤固体矿产勘查地质岩心钻探工程的质量管理程序、质量验收标准及质量保障措施，是非煤固体矿产勘查领域岩心钻探工程及各种专项钻探的基础性标准。

本标准科学、系统地总结了河南省非煤固体矿产勘查岩心钻探长期实践的丰富经验，可成为非煤固体矿产勘查地质岩心钻探工程设计、施工、管理、检查验收等各项工作的重要依据和准则。对于不同的勘查对象、勘查阶段、勘查目的而有所变更的一些特殊要求和技术指标，应符合相关的规程、规范或通过协议、合同作出规定。

非煤固体矿产勘查钻孔质量标准

1 范围

本标准规定了非煤固体矿产勘查岩心钻探工程的术语和定义、钻探工程设计要求、钻探工程施工要求、钻探工程质量管理要求、钻探工程检查与验收、地质岩心钻探质量要求、钻探工程质量评级。

本标准适用于各类非煤固体矿产勘查项目。

2 规范性引用文件

下列文件对于本文件的应用是必不可少的。凡是注日期的引用文件，仅注日期的版本适用于本文件；凡是不注日期的引用文件，其最新版本(包括所有的修改单)适用于本文件。

GB/T 9151 钻探工程名词术语

GB/T 13908 固体矿产地质勘查规范总则

DZ/T 0032 地质勘查钻探岩矿心管理通则

DZ/T 0078 固体矿产勘查原始地质编录规定

DZ/T 0080 煤炭地球物理测井规范

DZ/T 0199 铀矿地质勘查规范

DZ/T 0200 铁、锰、铬矿地质勘查规范

DZ/T 0201 钨、锡、汞、锑矿产地质勘查规范

DZ/T 0202 铝土矿、冶镁菱镁矿地质勘查规范

DZ/T 0203 稀有金属矿产地质勘查规范

DZ/T 0204 稀土矿产地质勘查规范

DZ/T 0205 岩金矿地质勘查规范

DZ/T 0206 高岭土、膨润土、耐火粘土矿产地质勘查规范

DZ/T 0207 玻璃硅原料、饰面石材、石膏、温石棉、硅灰石、滑石、石墨矿产地质勘查规范

DZ/T 0208 砂矿(金属矿产)地质勘查规范

DZ/T 0209 磷矿地质勘查规范

DZ/T 0210 硫铁矿地质勘查规范

DZ/T 0211 重晶石、毒重石、萤石、硼矿地质勘查规范

DZ/T 0212 盐湖和盐类矿产地质勘查规范

DZ/T 0213 冶金化工石灰岩及白云岩水泥原料矿产地质勘查规范

DZ/T 0214 铜、铅、锌、银、镍、钼矿地质勘查规范

DZ/T 0215 煤、泥炭地质勘查规范

DZ/T 0227 地质岩心钻探规程

MT/T 1042 煤炭地质勘查钻孔质量标准

3 术语和定义

下列术语和定义适用于本文件。

3.1 固体矿产钻探

以勘查固体矿产的产状、赋存状态、品位、资源储量及其他地质现象为目的的钻探工作。

注：改写 GB/T 9151—1988，定义 3.1。

3.2 钻孔空间要素

确定钻孔轴线坐标位置的因素。

[GB/T 9151—1988，定义 14.1]

3.3 勘查设计

勘查单位编制并经主管部门批准的，为完成地质工作目标（总体、阶段和单项设计）的工作方案。

3.4 钻探生产管理

钻探生产过程中的计划、组织、指挥、控制和调节，保证生产过程的协调性和连续性的管理工作。

[GB/T 9151—1988，定义 21.2]

3.5 技术管理

施工设计、技术攻关、技术推广、技术培训及贯彻规程、标准等方面的管理工作。

[GB/T 9151—1988，定义 21.3]

3.6 钻探操作规程

为优质、高效、安全、经济等目的所编制的并经主管部门颁布的具有技术法规性质的钻探操作技术规定。

[GB/T 9151—1988，定义 21.3.1]

3.7 钻孔技术档案

施工单位按规定建立的为钻孔施工的生产技术、经济活动而记录的专门文件。

[GB/T 9151—1988，定义 21.3.2]

3.8 钻孔地质技术指示书

由地质、探矿部门编制的包括岩层理想柱状图、地质要求及施工技术措施的指导性技术文件。

[GB/T 9151—1988，定义 21.3.3]

3.9 简易水文地质观测

利用普查勘探钻孔进行的水文地质资料的观测。被代替的同义词："简易水文观测"。

[GB/T 9151—1988，定义 22.9.4]

4 钻探工程设计要求

4.1 一般规定

4.1.1 地质岩心钻探施工前应编制钻探工程设计。

4.1.2 钻探工程设计应根据勘查单位提供的地质设计进行编制。

4.1.3 一个勘查区若有多个钻孔，整个勘查区的钻探工程应有总体设计，并选择有代表性的钻孔进行详细设计；孔深 1 000 m 以上或地层变化较复杂时，应进行单孔设计。

4.1.4 地质岩心钻探设计有关要求按 DZ/T 0227 执行。

4.1.5 钻探工程设计经审查批准后方可施工。施工中如需修改钻探工程设计，需经过勘查单位批准。

4.2 钻孔位置的确定

4.2.1 根据勘查设计的钻孔位置坐标，由地质、钻探、安全等部门共同确定钻孔位置。

4.2.2 因地形条件或其他原因需要变更原设计钻孔位置时，首先考虑沿勘探线方向移动，并酌量变换钻孔倾角，以达到设计目的。钻孔沿走向应尽量不移或少移，如必须沿矿体走向移动时，移动的距离以不影响对矿体的控制程度为准。

4.2.3 地质设计（或优化地质设计）中确定的钻孔，在布孔时如有位移或因实际情况有较小位移的（不超过勘探线间距的 10%，且钻孔轴线与矿层夹角不小于 30°），由勘查单位同意后实施。布孔后位置沿倾向或走向需要移动较大距离者，应由勘查单位提出变更方案，由主管部门批准或备案后方可实施。

4.2.4 钻孔位置确定后，在预定位置设定标志，注明孔号，并引两条垂直线（其中一条与勘探线重合或平行）于机场之外，线的各端应设定标志，以便于平整机场和安装钻机。

5 钻探工程施工要求

5.1 一般要求

5.1.1 施工单位钻前准备完成，并经勘查单位验收、下达“开孔通知书”后方可施工。

5.1.2 见矿前，勘查单位应及时将“钻孔见矿预告通知书”下达到钻机。

5.1.3 矿心未达到要求需要补采时，应由勘查单位发出“补采矿心通知书”。

5.1.4 改变钻孔深度时，应由勘查单位发出“钻孔地质设计变更通知书”。

5.1.5 终孔前，应由勘查单位发出“钻孔终孔通知书”、“钻孔封孔设计和封孔记录表”。

5.2 岩（矿）心采取要求

5.2.1 地质要求取心的岩矿层，平均岩矿心采取率一般不应低于地质勘查设计的要求，最低不应低于相应矿种勘查规范的要求。

5.2.2 有特殊要求时，按地质设计或施工合同的规定执行。

5.2.3 根据勘查区地质条件、岩矿层的物理机械性质，正确选择取心工艺、取心器具、钻进参数和冲洗液类型。

5.2.4 取心工具应妥善保管，使用前认真检查，取心器应单动灵活、水路畅通、半合管封闭严密可靠、钻头切削具出刃锋利、各种间隙匹配合理。用后应清洗检查、注润滑油脂。

5.2.5 在破碎地层钻进时，应适当控制转速、压力、泵量，并限制回次钻进时间和进尺长度；宜优先选用液动潜孔锤＋绳索取心钻进工艺。

5.2.6 任何情况下，回次进尺长度不得超过岩心管有效长度。不应使用弯曲的粗径钻具。

5.2.7 在矿层、矿层顶底板和重要标志层中，岩（矿）心采取率不足时，应采取补救措施，回次进尺长度严格控制在 0.5 m 以内。

5.2.8 退岩心时应细心，不应重敲、猛打，避免造成岩矿心人为二次破碎。必要时应使用专用工具，如丝杠、水压器等。

5.3 预防钻孔弯曲要求

5.3.1 坚持开孔验收制度，地表机械设备应经过检验，稳固可靠。确保安装质量，保证“天车、立轴、钻孔轴线”位于一条线上。不应使用旷动的立轴导管及弯曲的立轴钻杆。

5.3.2 合理选择钻具结构和级配，在保证冲洗液畅通及孔内安全的情况下，可选择满眼钻进，力求简化钻孔结构。

5.3.3 钻机立轴不能有偏摆，钻压均匀，应随钻孔加深加长岩心管，直至正常长度。回次结束前，不应加压强行钻进。

5.3.4 在易斜岩层施工，应根据地层、见矿深度等条件合理设计开孔角度，已掌握钻孔自然弯曲规律的勘查区应设计初级定向孔。

5.3.5 在片岩地层、倾角大于60°的岩层、破碎带、软硬互层、溶洞、老窑或纵向节理发育的岩层中钻进时，宜使用长、直、重、厚、刚的钻具，并合理控制钻压和钻速。在大口径钻进时，可采用加重钻铤防斜，有条件时可采用冲击回转钻进工艺。

5.3.6 扩孔时应带前置导正器，换径时应带外导正器。粗径钻具宜用变径接头连接，其中心线应一致。

5.3.7 换径时应采用外导向钻具，导正管长度应大于4 m，第一回次的小径岩心管长度应小于1 m。扩孔时应采用内导向器，并增加粗径钻具长度。应保证换径、扩孔钻具的同心度。

5.4 钻孔纠斜要求

5.4.1 当钻孔实际轴线的偏离值已超过设计最大允许值时，应进行纠斜。可根据具体情况，选用倒塔式、悬垂式、铰链式钻具或连续造斜器、带弯接头的螺杆马达等机具。

5.4.2 需要纠斜时，可选用偏心楔、弯接头、螺杆马达、连续造斜器纠斜。纠斜过程中应及时测量钻孔顶角和方位角。

5.4.3 应选择中硬、完整的岩层作为纠斜起点。下入纠斜钻具前，应将孔内岩心及岩屑捞取干净，并磨平孔底。

5.4.4 纠斜钻具应缓慢下到孔底，先轻压慢转，然后加大压力进行钻进，钻进中禁止提动钻具。

5.4.5 使用偏心楔时，应将其卡牢，防止转动或下沉，通过楔面钻进时，应控制好钻压，防止扫坏楔面。通过楔面钻出新孔后，再采用正常参数钻进。楔面导正钻进，应在一个回次完成。

5.5 简易水文地质观测要求

5.5.1 应按水文地质设计要求观测水位及其他应测项目。

5.5.2 水位观测的基准点应一致，读数应准确。

5.5.3 水位埋深较大时，测绳的深度标定应准确，并应考虑拉伸因素。

5.5.4 对于采用空气泡沫的钻孔，用万用表测水位时，应反复测量，防止所测数据失真。

5.6 降低孔深误差要求

5.6.1 机场使用的钢尺应保持两端平齐，刻度准确、清楚，并定期校正。

5.6.2 丈量机上余尺时应停止回转，基准点应一致，并应准确丈量，及时记录。

5.6.3 应使用钢卷尺丈量下入孔内钻具的长度，并准确记录数据，任何情况下不应估算。

5.6.4 校正孔深丈量钻具长度时应使用钢卷尺，丈量结果应逐根记录在班报表上。

5.6.5 丈量钻杆立根时，如遇大风天气，应拉直钢卷尺在钻杆母线上，防止丈量数据的累计误差。

5.6.6 处理事故后应校正孔深。

5.7 原始记录要求

5.7.1 记录员应在现场及时填写各项数据，不应追记、补记。

5.7.2 班长、机长（或综合记录员）应及时校对原始记录，发现错误立即修正。

5.7.3 对于钻探施工中出现的地层异常、施工异常，应准确、详细地记录其孔深、段长等。

5.8 封孔要求

5.8.1 需要分段封孔时，应选择合适的架桥材料做隔离塞，并将其牢靠地固定在预定位置。注浆钻具下端水泥浆出口处与隔离塞上端面的距离应控制在 0.5 m 以内。

5.8.2 应严格按照封孔设计进行封孔。水泥封孔时，水泥标号应大于 P32.5。

5.8.3 用水泥浆进行封孔时，水泥应用清水搅拌均匀，应严格按照配比配制封孔水泥浆，水灰比一般应小于 0.5。其所需水泥量和水量可按公式(1)和公式(2)计算：

$$Q_c = \frac{V\gamma_c\gamma_w}{\gamma_w + K\gamma_c} \qquad \cdots\cdots(1)$$

式中：

Q_c ——水泥的质量，单位为千克(kg)；

V ——需要配制的水泥浆体积，单位为立方米(m^3)；

γ_w ——水的密度，单位为千克每立方米(kg/m^3)；

γ_c ——水泥的密度，单位为千克每立方米(kg/m^3)；

K ——水灰比。

$$Q_w = KQ_c \qquad \cdots\cdots(2)$$

式中：

Q_w ——水的质量，单位为千克(kg)；

Q_c ——水泥的质量，单位为千克(kg)；

K ——水灰比。

5.8.4 应根据所封钻孔实际情况确定封闭方法，宜采用泵送、导管和注送器注入水泥浆，应准确计算所需封孔材料的数量，备足材料。

5.8.5 注浆过程应连续完成，封闭长度 5 m 以内不应提动钻具；长孔段、大剂量灌注水泥浆时，可采用边灌注边提升钻具的方法，并控制钻具下端不提出水泥浆液面。

5.8.6 应根据孔内水位的高低，准确计算替浆的清水用量。不应以水泵排量和泵送时间估算替浆水量。

5.8.7 一般常规钻进地面管路容积为 40～60 L，如采用漏斗灌注法可不加地面管路的容积。

5.8.8 替浆完成后，应将钻具提出水泥浆面 10～15 m，再用清水清洗钻具、水泵等。

5.8.9 在灌注水泥浆时，应观察孔口返水情况，防止封住钻具。在封闭层段内，若遇有漏水、涌水、裂隙发育或溶洞时，应先隔离或止水后再进行封闭，并适当加大配比材料系数。

5.8.10 用套管护壁的钻孔，应先封好套管下部各封闭段再起拔套管。

5.8.11 每一封闭层段应在设计封孔层段顶部采取水泥浆样，并装入水泥浆样盒保存备查。封孔作业未达到设计要求时，均应补封。

5.9 钻孔启封检查及要求

5.9.1 对详查及以上矿区，应随机抽取不少于地质设计或合同约定的钻孔进行启封检查。

5.9.2 为检查钻孔封闭质量，应按地质设计要求对已封闭钻孔进行启封，抽样检查。钻孔启封，应在钻孔封闭 30 d 后进行。

5.9.3 启封钻孔前应制订详细的技术措施，精心操作，防止偏斜；应按设计要求取样，取出的水泥样应妥善保管，并认真填写原始记录。

5.9.4 钻孔启封完毕，应重新封孔并提交“钻孔启封报告书”。

6 钻探工程质量管理要求

6.1 钻探工程质量管理主要内容

钻探工程质量管理的主要内容包括：

——钻探工程设计；

——钻前准备（钻孔位置的确定、场地平整、设备安装调试等）；

——钻探阶段（钻进、取心、定向及造斜、孔内各类事故预防与处理、冲洗介质的制备与维护、中途孔内测试）；

——封孔及验收（封孔质量、岩心采取率、简易水文观测、钻孔质量、原始记录、钻探工程报告、钻孔资料归档、专项和整体工程评价分级）。

6.2 钻探工程质量控制内容

6.2.1 事前控制

单个钻孔开钻前，施工单位应确定项目质量标准，明确项目质量要求，建立本项目钻探工程的各项质量监督控制体系，并保证设备仪表、钻具、材料等专项验收合格。

6.2.2 事中控制

应对钻孔结构、钻具组合、钻头类型、钻具磨损情况、钻进参数、冲洗介质性能指标进行监督和检查，发现与设计不符时，应立即采取措施纠正；班报表填写真实、详细，并认真执行交接班制度；对于孔深大于 1 000 m 的钻孔或其他特殊钻孔，施工单位需要及时向地质和钻探主管部门报告钻探施工进度、钻孔质量、取心等情况。

6.2.3 事后控制

组织单项工程质量验收，组织对本项目钻探工程竣工质量验收；审核竣工的测井、中途测试、岩心等所有的地质技术文件资料，对封孔及弃孔作业和环保进行全面检查和监督，并根据投资人要求及时整理、汇总上报钻探工程施工过程中的全部技术资料，完成资料的缩目建档等工作。钻探工程施工阶段质量控制如表 1 所示。

6.3 技术交底

6.3.1 开孔前，地质及钻探技术人员应向钻探施工人员进行技术交底，交底内容与钻探工程设计书或钻孔单孔设计书相同，技术交底之后签字认可。

6.3.2 采用新技术、新工艺施工，钻探技术人员应向施工人员说明相关操作规程和要求，使钻探施工人员掌握其中的要领。

表 1　钻探工程施工阶段质量控制

<table>
<tr><td rowspan="3">事前控制</td><td>施工准备质量控制</td><td>质量控制系统组织、质量保证体系、项目人员、施工材料、施工方案方法、作业环境、施工机械设备</td></tr>
<tr><td colspan="2">设计文件会审，设计技术、安全交底</td></tr>
<tr><td colspan="2">审查开工通知书、严把开工关</td></tr>
<tr><td rowspan="3">事中控制</td><td>施工过程质量控制</td><td>工序控制，工序之间交接检查，工程质量控制</td></tr>
<tr><td colspan="2">分部、分项工程质量评定</td></tr>
<tr><td colspan="2">设计变更与设计修改的审查</td></tr>
<tr><td rowspan="3">事后控制</td><td colspan="2">竣工质量检查验收</td></tr>
<tr><td colspan="2">工程质量评定</td></tr>
<tr><td colspan="2">工程质量文件审核和建档</td></tr>
</table>

6.4　现场监控

6.4.1　监督控制

在施工过程中，应现场观察监督与检查其施工过程，注意并及时发现质量事故的苗头和质量影响因素的发展变化，潜在的质量隐患以及其他的质量问题等，以便及时进行控制。

6.4.2　冲洗液试验控制

钻探过程中应随时检查钻孔冲洗液的配方、性能参数和使用管理情况，宜通过日常的测试手段进行必要的监控。发现与设计不符时，应立即督促施工单位进行调整。

6.4.3　指令文件控制

对施工单位提示和要求的书面文件材料，用以向施工单位指出施工中存在的问题，提请施工单位注意，并作为向施工单位提出要求或指示其施工的科学依据。

6.4.4　规定质量监控工作程序

规定必须遵守的质量监控工作程序，并按规定的程序进行施工，其具体做法是：施工单位对项目各分项工程应按工程项目设计标准和技术合同进行施工质量的检验，并填写好所有工程技术资料，随时接受勘查单位对施工单位和工程协作单位的联合检查和验收。对存在的工程质量问题，需要找出差距，提出补救措施。

6.5　钻探工程档案

6.5.1　一般规定

钻探工程档案一般规定包括：

——钻孔终孔验收后，应及时对施工过程中所形成的、具有保存价值的文字、图、表等技术资料进行整理、归纳、总结，建立钻探工程技术档案，并按规定予以妥善保管；

——每个钻孔的所有资料均应整理汇总，按照归档规定建立钻孔资料档案，并责成项目组设专人管理，项目结束后随项目原始资料按规定统一汇交；

——钻探工程技术档案应以工作地区或工作项目为单位立档，非连续工作的地区应按工作阶段立档；

——钻探工程技术档案应保持完整、准确、系统、真实，并按相关规定形成电子文档；

——平时应注意原始资料和素材的积累和保存；

——纸介质的技术文件材料应装订成册，封面应标识档案编号、钻孔编号、施工起止日期、立卷人和审查人姓名以及归档日期；

——存档单位应对档案予以登记管理，建立总账和明细表；

——严禁涂改和伪造原始记录。

6.5.2 钻探工程技术档案组成

根据 DZ/T 0227 要求并结合钻探施工实际，钻探技术档案资料分工作地区技术文件、钻孔技术文件、钻孔成果资料和钻孔质量检查资料四类。

1） 工作地区技术文件具体编写要求参见 DZ/T 0227 等有关文件，主要包括：

(1)地质设计(勘查单位编制)；

(2)施工合同书；

(3)勘查区钻探施工技术设计及补充设计；

(4)施工作业计划；

(5)钻探工程施工技术报告(总结)；

(6)专题研究成果。

2） 钻孔技术文件样式见附录 A，主要包括：

(1)钻孔地质技术设计书；

(2)钻孔单孔施工设计书；

(3)钻孔定位和机械安装通知书；

(4)钻孔开孔检查验收单；

(5)钻孔施工通知书；

(6)钻孔见矿预告通知书；

(7)钻孔地质技术设计变更通知书；

(8)补采岩矿心通知书；

(9)钻孔弯曲度测量结果登记表；

(10)钻孔孔深校正登记表；

(11)钻孔简易水文观测记录表；

(12)钻孔终孔稳定水位测量记录表；

(13)孔内事故登记表；

(14)重大钻探事故报告表；

(15)钻孔终孔通知书；

(16)钻孔封孔设计及钻孔封孔登记表；

(17)最终孔内遗留物登记表；

(18)钻孔原始班报表；

(19)岩矿心验收单；

(20)原始记录表移交清单；

(21)钻孔技术经济指标综合表等有关文件。

3） 钻孔成果资料主要包括：

(1)钻孔地质记录表(原始编录)及岩矿心采样记录表；

(2)岩矿鉴定及样品测试分析送样单(委托书);

(3)岩矿鉴定及样品测试分析成果;

(4)年、月生产统计报表(工作量、台月数、台月效率、钻月数、钻月效率、平均小时效率、完工钻孔数、验收钻孔数、报废钻孔数、单位成本);

(5)金刚石钻头、扩孔器使用情况统计表;

(6)重要材料消耗统计表;

(7)终孔钻孔柱状图等有关资料。

4) 钻孔质量检查资料主要包括:

(1)岩矿心采样质量检查记录表;

(2)钻孔质量考评表;

(3)钻孔质量验收报告;

(4)钻孔柱状图质量检查记录表等有关资料。

7 钻探工程检查与验收

7.1 钻前检查

7.1.1 钻孔孔位、方位角、开孔倾角是否符合要求,安装好的孔位与设计孔位是否有偏差。

7.1.2 钻孔弯曲测量及简易水文观测的设备仪器是否齐全。

7.1.3 施工设备性能参数、型号、完好程度,是否符合施工设计的要求,机台各种材料、工具是否齐备。

7.1.4 岩心箱是否齐备并符合要求,与之相关的岩心隔板、采样隔板、油漆等是否齐备。

7.1.5 钻探安全、环境施工条件是否符合要求。

7.1.6 如需地球物理测井,应提前落实测井单位并备好相应设备。

7.2 钻前工程验收

7.2.1 施工单位组织地质、钻探、安监等人员进行钻探设备安装验收工作,应做到谁负责、谁验收、谁签字。

7.2.2 开工前应由地质人员介绍地质预想柱状、设计目的、岩矿层情况、涌漏水情况、质量要求、设计孔深及终孔层位等;钻探人员针对地质设计要求,提出施工技术设计和措施;安监人员提出安全要求及注意事项。

7.2.3 应对钻塔、所有机械设备、安全设施、冲洗液循环系统等的安装质量进行全面检查验收,并进行试车运转,发现问题后,应及时整修和处理。

7.2.4 经检查验收合格后,验收组需要填写“钻前工程验收书”。施工单位收到“钻孔开工通知书”后方可开钻。

7.3 终孔验收

7.3.1 验收内容

终孔验收的主要内容包括:岩(矿)心采取率与整理、钻孔弯曲度与空间位置测量、孔深误差测量与校正、简易水文地质观测、原始报表、钻孔封闭、原始资料归档等。

7.3.2　终孔验收程序及规定

7.3.2.1　终孔验收主要内容

终孔验收主要内容包括：

——设计的地质目的是否达到；

——钻探工程六项质量指标是否达到设计和规范、规程要求；

——钻探施工资料和钻孔技术档案是否齐全；

——是否符合地质设计或合同要求。

7.3.2.2　验收程序及规定

7.3.2.2.1　钻孔终孔(或测井)后，施工单位应要求项目负责人(或指定专人)组织地质、水文地质、钻探、测井等有关专业人员组成质量验收小组，在现场进行初步验收。

7.3.2.2.2　初步验收的主要任务是对钻探成果进行综合检查：钻孔设计规定的地质任务的完成情况，是否有遗留问题，填写验收报告书，并进行初步评级。若发现问题，应立即查明原因，由项目负责人决定是否进行验证或采取补救措施。各有关专业人员对于验收报告书中的资料数据均应认真核对，并分别签字负责。满足钻孔设计的各项要求并报请主管部门批准后，方可进行封孔。

7.3.2.2.3　钻孔竣工后，施工钻机应在三个工作日内将各项原始记录整理完毕。

7.3.2.2.4　负责编录的地质人员应在五个工作日内将岩心分层鉴定表、验收报告书及其他原始资料整理完毕。

7.3.2.2.5　项目负责人应指定专人在上述资料收齐后的三个工作日内，逐项检查核对所有的资料数据。由项目负责人根据钻孔质量标准和钻孔设计要求，对钻探工程质量逐项验收评级。

7.3.2.2.6　钻孔抽水试验的验收评级，由施工单位水文地质技术负责人负责，单独进行。验收结果经项目负责人签署意见后，报施工单位总工程师审查。

7.3.2.2.7　钻孔各项指标经检查达到相应级别要求并评定钻孔综合质量级别后，参加验收人员应在钻孔质量验收报告中签字。每个钻孔均应填写钻孔质量验收报告，钻孔质量及等级评定按照附录 B“非煤固体矿产勘查钻孔质量验收标准”的要求进行，并将评定结果填入钻孔质量验收报告中。

7.3.2.2.8　钻孔终孔验收一般由项目(勘查区)进行验收，由勘查单位负责对验收情况进行审查。有特殊要求或深度较大的钻孔由勘查单位组织验收，并由上级主管部门审定。

7.3.2.2.9　验收工作结束，验收小组成员应分别在“钻孔质量验收报告书”上签署评定意见。钻孔质量等级的确定，由勘查单位审定后生效。未经勘查单位签字同意的验收结果，不能作为报告编制的依据。

8　地质岩心钻探质量要求

8.1　岩(矿)心采取率与整理

8.1.1　取心孔段的岩(矿)心采取率计算按公式(3)计算：

$$CRP = (L_c / L_d) \times 100\% \quad \cdots\cdots (3)$$

式中：

CRP ——岩(矿)心采取率；

L_c ——岩(矿)心长度，单位为米(m)；

L_d ——取岩(矿)心进尺长度，单位为米(m)。

8.1.2 矿心长度采取率的计算,应把单层厚度不大于夹石剔除厚度的夹石包括在内。

8.1.3 特厚矿层(一般指真厚 8 m 以上)的矿心采取,除全层采取率应符合规定外,其中进尺等于或大于 0.5 m 的回次,其矿心采取率均不得为零。

8.1.4 当岩(矿)心采取率达不到设计规定的标准时,一般应采取验证或补救措施。进行补救的决定,应由勘查单位在现场初步验收时做出,由机长组织实施。补救之后可按实际达到的质量状况进行评级。

8.1.5 岩(矿)心的现场管理和保管工作应遵循 DZ/T 0032 和 DZ/T 0078 的规定。取出的岩(矿)心由机台负责清洗干净,自上而下按次序装箱,不得颠倒或故意拉长,岩(矿)心应按规定编号,并写明回次数、总块数和块号;用铅笔填写岩(矿)心牌,放好岩(矿)心隔板;用油漆或浸色笔在岩(矿)心箱同一顺序侧标明孔号、箱号、进尺米段,并妥善保管岩(矿)心;岩(矿)心箱的规格要符合要求且结实。

8.2 钻孔弯曲度与空间位置测量

8.2.1 设计钻孔轴线的形态及空间位置的三维坐标由地质设计提出,同时应给出实际轴线与设计轴线偏离的最大允许值。

8.2.2 机台应及时、定点测量钻孔顶角及方位角,将测量结果填入"钻孔弯曲度测量记录表"。通常情况下,在直孔施工中每 100 m 顶角偏斜不应超过 2°,在斜孔施工中每 100 m 顶角偏斜不应超过 3°,按孔深累计计算。有特殊需要时,按设计书或合同的要求执行。

8.2.3 方位角偏差应在设计时与地质工作人员商定,一般不超过勘探线间距的 1/3～1/4。

8.2.4 测量间距,设计或实测钻孔顶角小于或等于 3°时,每钻进 100 m 测一次顶角;顶角大于 3°时,每钻进 50 m 测一次顶角和方位角。定向和易斜钻孔,应适当缩短测量间距。

8.2.5 磁性勘查区应用防磁测斜方法。

8.2.6 终孔测斜时,地质编录员应在现场进行监督。

8.2.7 孔斜及其他质量问题,不允许在钻孔终孔后补救。

8.3 简易水文地质观测

8.3.1 在以清水或无固相冲洗液的钻孔中,每班至少观测水位一至两个回次。每个观测回次中,提钻后、下钻前各测量一次水位,间隔时间应大于 5 min;未下好井口管的孔段和以泥浆为冲洗液的钻孔一般可不进行水位测量。

8.3.2 每个钻进回次应根据水源箱水位、泥浆池液位变化补充冲洗液量,并计算冲洗液消耗量。

8.3.3 钻进中遇到涌水、漏水、涌砂、掉块、坍塌、缩径、逸气、裂隙、溶洞及钻柱坠落等异常现象时,应及时记录其深度。

8.3.4 终孔测定水位,稳定时间要在 24 h 以上。在地下水自流钻孔中,根据水文地质要求接高孔口管或安装测试装置测量水头高度和涌水量。

8.3.5 孔内发现热水时,应测量孔口和孔底温度。

8.4 孔深误差的测量与校正

8.4.1 直孔每钻进 100 m、斜孔每钻进 50 m、重要标志层、进出含矿层(矿层小于 5 m 只测一次)、换口径、处理重大孔内事故、终孔后均要进行一次孔深测量,误差小于 1‰者可不修正孔深。

8.4.2 测量要使用经过校正的钢尺。

8.4.3 见矿与终孔校正,地质编录员应在现场监测。

8.4.4 孔深误差率可按公式(4)计算:

$$e_d = \left| \frac{(d_1 - d_2)}{d_2} \right| \times 1000‰ \qquad \cdots\cdots(4)$$

式中：

e_d——孔深误差率；

d_1——校正前孔深，单位为米(m)；

d_2——校正后孔深，单位为米(m)。

8.4.5　孔深误差率小于1‰时可不修正报表；如果误差在允许范围内且数值偏大，可在相邻的回次内校正，按每回次分摊1 cm，向上分摊完为止。孔深误差率大于1‰时要修正报表。

8.4.6　出现下列情况时，应校正孔深：

——钻进深度达100 m及其倍数时；

——进出矿层时(矿层厚度小于5 m时，只测量一次)；

——经地质编录人员确认的重要构造位置及划分地质时代的层位；

——下套管前和终孔后。

8.4.7　钻探和测井分别确定的矿层厚度的差值超过质量标准的规定或矿层结构的差异明显时，必须找出原因。若原因不明，应采取有效的验证措施，以取得可靠的成果。否则，钻探和测井的工程质量均应降级评定。

8.4.8　钻探和测井分别确定的矿层深度差，在500 m以内(包括500 m)时不大于1 m；深度大于500 m时，不得大于2‰。超过规定时应找出原因，必要时应进行有效的检查验证工作。当钻孔相对较深时，即使钻具误差不大于1.5‰，也应进行合理平差，见矿深度按校正后的验收。

8.4.9　孔斜标准

8.4.9.1　需要测井时参照DZ/T 0080规定取得连续系统的测井资料。

8.4.9.2　钻探工程质量标准中所规定的孔斜度，是指钻孔设计所规定的终孔层位的实际深度所允许的孔斜度。不同深度所允许的孔斜度的递增关系，在验收评级时不予考虑。

8.4.9.3　孔深超过1 200m时，孔斜度每百米允许递增：一级孔和二级孔标准均为1°；专门水文地质孔的孔斜度，原则上应严于本标准，并在勘查设计中做出具体规定。使用深井泵的抽水钻孔，在下入深井泵的深度以上的孔斜度均不得超过2°。

8.4.9.4　定向斜孔的孔斜要求，各勘查单位可根据情况自行规定，并报上级主管部门备案。

8.4.9.5　不论任何原因，钻孔的下部孔段未达到设计目的，或无心钻孔未取得测井资料或测井资料为废品时，该孔段应为报废段。

8.5　原始班报表

8.5.1　原始报表包括：钻探班报表(含简易水文观测记录表)、交接班记录表。

8.5.2　各班应指定专人在现场及时填写原始报表，做到真实、齐全、准确、整洁，不得涂改、重抄。

8.5.3　班报表内容要齐全，包括钻探孔深、回次进尺、回次岩心长度、孔深校正、弯曲度测量、钻杆立根等。

8.5.4　交接班班长和机长要在现场亲笔签字，不得代签。

8.5.5　原始报表应保持整洁，不得重新誊抄，终孔后应装订成册。

8.6　封孔

8.6.1　临近终孔时，施工管理部门要根据地质部门提供的实际钻孔柱状图和封孔要求，编写封孔设计，交机台实施。机台应按封孔设计的要求严格执行。

8.6.2　封孔应有"封孔通知书"和"封孔设计书"。封孔分全封孔和部分封孔，全封孔是从钻孔底部至孔口完全用封孔材料封闭；部分封孔是将钻孔的某一段或几段封闭。

8.6.3　封孔水泥应用P32.5号以上未过期、未失效的水泥，水灰比要符合设计要求。

8.6.4 每封完一层应在封孔段顶部位置取水泥浆样验证。

8.6.5 封孔后应埋设水泥标志桩，并在水泥桩上书写孔号、开孔日期和终孔日期。

8.6.6 封孔质量检查：根据设计书或勘查单位的要求，需要对封孔质量进行验证时，应进行透孔取样。

8.6.7 封孔后，机长应将钻孔封孔设计和封孔记录送交设计部门和施工管理部门存档。

9 钻探工程质量评级

9.1 单项质量评级划分

钻孔单项质量按照等级进行划分，每一个指标均评定等级。评定结果分四个等级：优秀（≥90 分）、良好（75～90 分）、合格（60～75 分）、不合格（<60 分）：

——优秀：经检查完全符合技术标准及要求；

——良好：经检查符合技术标准及要求；

——合格：经检查无重大质量问题，基本符合技术标准及要求；

——不合格：经检查存在严重质量问题，不符合技术标准及要求。

单项质量考评见附录 C。

9.2 钻孔综合质量等级评级规定

钻孔的综合质量分为一级孔、二级孔、三级孔、废孔 4 类，各类评级标准如下：

——一级孔：是指钻孔完工后，完全满足地质要求，经验收钻孔质量全面达到相关标准及地质设计要求的钻孔。根据勘查区地质条件的特点，某些钻孔经上级主管部门批准，质量标准可省略几项，其余各项标准均已达到要求的钻孔；若钻孔在施工过程中，某些标准未达到设计或规范要求（如岩心采取率、孔斜等），经采取措施补救后达到质量要求的钻孔，也列入完全满足要求的钻孔。六大指标有一项未达到 90 分的，不能评定为一级孔。

——二级孔：基本满足地质要求的钻孔。指钻孔完工后经验收部分质量标准未达到要求，但周围钻孔质量好或地质条件比较简单，厚度、品位变化较小，经验证对比，认为不再需要采取补救措施的钻孔；属于普查性质的钻孔和构造孔，质量标准尚未达到设计要求，但如已取得原始设计要求了解的地质情况的也为二级孔。

——三级孔：是指由于施工原因或其他各种原因造成钻孔质量不合要求，地质上不能利用的钻孔。

——废孔：钻孔质量不合格，未达到地质目的，没有利用价值的钻孔。

附　录　A
(资料性附录)
非煤固体矿产勘查钻探技术档案及格式

档案号	
总　号	
分类号	

非煤固体矿产勘查
钻探技术档案

勘查区名称：______________________

勘查区地址：______________________

钻孔编号：______________________

钻孔孔深：______________________

开工日期：________年________月________日

终孔日期：________年________月________日

保管期限：__________本卷张数：__________

填表说明

1.岩心钻探工程钻孔技术文件(亦称:“钻孔技术档案”),是钻孔施工中获得的唯一技术资料,应慎重填写,要求资料真实、清晰,不得涂改。

2.文件目录中所列 KJ－01～KJ－14 为全套技术文件,某些技术文件未发生时,作为空白表保留,并在文件目录备注栏中注明。

3.所有技术文件均由地质人员准备并填写,唯 KJ－08、KJ－09、KJ－11 由施工部门填写。除此之外,地质部门所需要的技术资料,施工部门均应及时填写在原始记录中。

4.重大钻探事故是指处理超过三天的孔内事故、打丢矿心或孔斜严重超标等的质量事故、影响三天以上不能生产的机械事故,必须由施工部门填写 KJ－08、KJ－09,交地质部门作为技术文件存档。

5.钻孔技术文件填写收集齐全后,应由项目负责人或项目技术负责人审查后签字,待项目全部结束后,交本单位档案室,作为技术资料存档。

项目主要管理和技术人员

项 目 负 责______________________________

项目技术负责______________________________

地 质 设 计______________________________

钻探工程设计______________________________

地 质 编 录______________________________

____

机 长______________________________

(参编人员信息填写示例:×××(职称) ×××(职称))

________勘查区 ZK ________钻孔技术文件目录

编　号	技术文件名称	份数	页数	备　注
KJ－01	钻孔地质技术设计书			
KJ－02	钻孔定位和机械安装通知书			
KJ－03	钻孔开孔检查验收单(开孔通知书)			
KJ－04	钻孔地质技术设计变更通知书			
KJ－05	钻孔见矿预告通知书			
KJ－06	钻孔弯曲度测量记录表			
KJ－07	钻具丈量及孔深误差记录表			
KJ－08	重大钻探事故报告表			
KJ－09	钻孔终止通知书			
KJ－10	岩矿心移交验收单			
KJ－11	钻孔封孔设计和封孔记录			
KJ－12	原始记录报表移交清单			
KJ－13	钻孔质量验收评定表			
KJ－14	钻孔地质小结			
KJ－15	钻探工程班报表			
KJ－16	矿区钻探工程设计书			
KJ－17	典型(重要)钻孔设计书			
KJ－18	钻井漏失情况			

立卷人____________________审查人____________________接收人____________________

________勘查区 ZK ________钻孔地质技术设计书

编号：KJ－01

设计孔深________　　　　钻孔类别________

设计方位角________　　　　施工单位________

设计倾角________　　　　钻机类型________

孔深(m)	立项柱状图	实际柱状图	岩矿石名称及地质描述	质量要求	钻进技术措施	备注
1	2	3	4	5	6	7

地质设计单位________　　　　钻探设计单位________

设　计　人________(签字)　　　　设　计　人________(签字)

审　查　人________(签字)　　　　审　查　人________(签字)

年　月　日　　　　年　月　日

________勘查区 ZK ________钻孔定位和机械安装通知书

编号:KJ-02

按照地质设计于____________________勘探线________________________

(或其坐标 X ____ Y ____ H ____)布置了__________________________________,

设计深度________m,方位角____________,倾角__________。

其他要求:____

____

____

____

____

通知单位__________________ 被通知单位__________________

通 知 人______________(签字) 被 通 知 人______________(签字)

时　　间_____年_____月_____日 时　　间_____年_____月_____日

________勘查区 ZK ________钻孔开孔检查验收单

（开孔通知书）

编号：KJ－03

施工单位　　　　　　　　　　　　　　　　　　　　　　验收时间　　　年　　　月　　　日

验　收　项　目		验　收　情　况
地质要求	孔位、方位、倾角 天车—立轴（转盘）—钻孔同心线	
机械设备	钻机、动力机、泥浆泵、发电机、参数仪表、泥浆测试仪器	
附属设备	钻塔、基台木、绷绳、活动工作台、电器设备、照明线路、游动滑车系统、冲洗液循环系统、搅拌机、取心工具等	
安全设施	地板、台板、梯子、避雷针、场房、塔套、防护栏杆、各种防护罩、地基、防洪、排水、防火设施、医药等	
其他	孔口管、孔口板、孔口台、皮带、胶管、供水设备等	
验收意见		
	通知开孔时间______年______月______日 通　　知　　人________________（签字）　　　被通知人____________（签字）	
签字	地质（单位）____________________　　施工（单位）____________________ 验　收　人____________________　　验　收　人____________________ 机　　　长____________________	

________勘查区 ZK ________钻孔地质技术设计变更通知书

编号:KJ－04

于______年______月______日开孔的________________,原设计______ m,现需增加(减少)______________ m。

变更原因:____

____

____

____

____

____

____

____

通知单位________________　　　　被通知单位________________

通 知 人____________(签字)　　　　被 通 知 人____________(签字)

时　间______年______月______日　　　　时　间______年______月______日

已按通知要求执行。

机　长____________(签字)

年　　月　　日

________勘查区 ZK ________钻孔见矿预告通知书

编号:KJ－05

预计见矿孔深和顶底板情况:

____

____

____

____

____

采取矿心注意事项:

____

____

____

____

____

通知人____________(签字)　　　　被通知人____________(签字)

时　　间____年____月____日

实际见(未见)矿孔深自______m至______m止,矿层厚度为______m。

地质编录员______(签字)　　　　机　　长______(签字)

时　　间______年______月______日

________勘查区 ZK ________钻孔弯曲度测量记录表

编号:KJ－06

设计倾角________________　　　　设计方位角________________

测次	年	月	日	测量孔深（m）	倾角	方位角	测量方法或仪器	测量人	备注

机　长________________(签字)　　　　地质编录员________________(签字)

________勘查区 ZK ________钻具丈量及孔深误差记录表

编号:KJ－07

设计孔深________________m　　　　终孔孔深________________m

校正次第	年	月	日	记录孔深（m）	丈量孔深（m）	孔深误差（m）	当班班长
1							
2							
3							
4							
5							
6							
7							
8							
9							
10							
11							
12							
13							
14							
16							
17							
18							
19							
20							

应丈量次数:________________次　　　　实丈量次数:________________次

超 差 次 数:________________次

机　长______________________(签字)　　　　地质编录员________________(签字)

________勘查区 ZK ________重大钻探事故报告表

编号:KJ－08

报告单位________________________________　　填报日期________________

事故性质	孔内、机械、质量		事故名称		
事故日期	自　年　月　日 至　年　月　日	当班班长		事故损失	台班 元
事故发生经过及处理情况					

机　长________________(签字)

________勘查区 ZK ________钻孔终止通知书

编号：KJ－09

根据地质需要 ZK ____________于深度____________ m 处停止钻进。

终止原因：____

____

____

____

____

终止后的要求(存在问题及处理意见)：____________________________

____

____

____

____

通知单位____________________　　被通知单位____________________

通 知 人____________(签字)　　被 通 知 人____________(签字)

____年____月____日

已于______年______月______日停钻，孔深________ m。

地质编录员____________(签字)　　机　长____________(签字)

岩矿心移交验收单

编号:KJ-10

今收到__________送来________勘查区_____号孔岩(矿)心________箱

1.岩心总长__________m;矿心总长__________m

2.回次自__________次至__________次

3.箱号自__________号至__________号

4.移交验收日期______年______月______日

移交单位____________ 验收单位____________

移 交 人__________(签字) 验 收 人__________(签字)

护 送 人__________(签字)

__________(签字)

________勘查区 ZK ________钻孔封孔设计和封孔记录

编号：KJ－11

封孔设计				封孔结果				
孔深（m）	柱状图	封闭位置	地质简述及封孔要求	封闭位置	木塞位置、直径及长度	封闭材料、用量及配方	封孔方法	备注
1	2	3	4	5	6	7	8	9

设计单位________________ 施工单位________________

设 计 人________________（签字） 机　　长________________（签字）

通知封孔时间____年____月____日 封孔结束时间____年____月____日

原始记录报表移交清单

勘查区________________ ZK ________________ 编号:KJ－12

序号	日期 (年、月、日)	资料名称	单位	数量	接收单位	移交人	接收人	备注

移交单位____________________ 机　长____________________(签字)

________勘查区 ZK ________钻孔质量验收评定表

编号：KJ－13

验收单位________________ 施工单位________________

验 收 人________(签字)职务________ 机　　长________(签字)职务________

________(签字)职务________ ________(签字)职务________

________(签字)职务________ ________(签字)职务________

年　　月　　日

设计孔深	m	实际孔深	m	设计方位角		设计倾角	
施工目的				施工结果			
机号		开孔日期	年　月　日		终孔日期	年　月　日	

岩矿心采取率	矿层	矿体顶板采取率			矿心采取率			矿体底板采取率			质量评定
		顶板厚(m)	岩心长(m)	采取率(%)	矿体厚(m)	矿心长(m)	采取率(%)	底板厚(m)	岩心长(m)	采取率(%)	
	1										
	2										
	3										
	4										
	5										
	6										
	矿体总厚度	m	矿心总长度		m	采取率		%			
	岩石总厚度	m	岩心总长度		m	采取率		%			

孔深校正	次数	1	2	3	4	5	6	7	8	9	10	质量评定
	记录孔深(m)											
	丈量孔深(m)											
	误差(m)											
	应丈量次数			实际丈量次数				超差次数				

钻孔弯曲度测量	次数	1	2	3	4	5	6	7	8	9	10	质量评定
	测量孔深(m)											
	天顶角											
	方位角											
	应测次数			实测次数				超差次数				

________勘查区 ZK________钻孔质量验收评定表(续)

编号:KJ－13

<table>
<tr><td rowspan="3">简易水文观测</td><td>孔内水位</td><td>应测次数</td><td></td><td>实测次数</td><td></td><td>合格率(%)</td><td></td><td>质量评定</td></tr>
<tr><td>冲洗液消耗量</td><td>应测次数</td><td></td><td>实测次数</td><td></td><td>合格率(%)</td><td></td><td rowspan="2"></td></tr>
<tr><td>其他</td><td></td><td></td><td></td><td></td><td></td><td></td></tr>
<tr><td rowspan="4">原始记录</td><td>班报表</td><td>应记次数</td><td></td><td>实记合格次数</td><td></td><td>合格率(%)</td><td></td><td>质量评定</td></tr>
<tr><td>岩心牌</td><td>应填次数</td><td></td><td>实填合格次数</td><td></td><td>合格率(%)</td><td></td><td rowspan="3"></td></tr>
<tr><td>残留岩心</td><td>应测次数</td><td></td><td>实测次数</td><td></td><td>合格率(%)</td><td></td></tr>
<tr><td>其他</td><td></td><td></td><td></td><td></td><td></td><td></td></tr>
<tr><td rowspan="8">封孔</td><td>层数</td><td>1</td><td>2</td><td>3</td><td>4</td><td>5</td><td>6</td><td>质量评定</td></tr>
<tr><td>应封闭位置</td><td></td><td></td><td></td><td></td><td></td><td></td><td></td></tr>
<tr><td>封孔位置</td><td></td><td></td><td></td><td></td><td></td><td></td><td></td></tr>
<tr><td>木塞位置长度</td><td></td><td></td><td></td><td></td><td></td><td></td><td></td></tr>
<tr><td>材料用量</td><td></td><td></td><td></td><td></td><td></td><td></td><td></td></tr>
<tr><td>封孔方法</td><td></td><td></td><td></td><td></td><td></td><td></td><td></td></tr>
<tr><td>树桩情况</td><td></td><td></td><td></td><td></td><td></td><td></td><td></td></tr>
<tr><td>其他</td><td></td><td></td><td></td><td></td><td></td><td></td><td></td></tr>
<tr><td rowspan="3">钻孔结构</td><td>孔径(mm)</td><td></td><td></td><td></td><td></td><td></td><td></td><td></td></tr>
<tr><td>孔深(m)</td><td></td><td></td><td></td><td></td><td></td><td></td><td></td></tr>
<tr><td>套管长度(m)</td><td></td><td></td><td></td><td></td><td></td><td></td><td></td></tr>
</table>

<table>
<tr><td rowspan="5">孔内遗留物件</td><td>名称</td><td>规格</td><td>数量</td><td>孔径(mm)</td><td>长度(m)</td></tr>
<tr><td></td><td></td><td></td><td></td><td></td></tr>
<tr><td></td><td></td><td></td><td></td><td></td></tr>
<tr><td></td><td></td><td></td><td></td><td></td></tr>
<tr><td></td><td></td><td></td><td></td><td></td></tr>
<tr><td>验收意见</td><td colspan="5"></td></tr>
<tr><td>质量综合评定</td><td colspan="5"></td></tr>
</table>

________勘查区 ZK________钻孔地质小结

编号:KJ－14

设计孔深	m	终孔孔深	m
开孔日期	年　月　日	终孔日期	年　月　日

钻 孔 地 质 小 结

注 1:内容说明。钻孔设计的目的与施工结果;钻孔质量评述;地质矿产特征(主要地质成果及地质矿产新认识);主要经验教训。

注 2:若此页位置不够,可另附页。

小结审查________________　　小结编写________________

________勘查区 ZK ________钻探工程班报表

编号:KJ－15

施工单位　　　　　　　　　　　出勤人数　　　　　　　　　年　月　日　时至　年　月　日　时

时间(h:min)			井深(m)		进尺(m)	机上余尺(m)	回次编号	岩心长度(m)	工作内容	钻进参数			
自	至	计	自	至						钻压(kN)	转速(r/min)	泵压(MPa)	排量(L/s)

________勘查区 ZK ________钻探工程班报表(续)

回次统计				钻头							扩孔器				钻具				
回次编号	钻时(h)	进尺(m)	心长(m)	编号	外径(mm)		内径(mm)		进尺(m)	心径(mm)	编号	外径(mm)		进尺(m)	型号	外管编号	内管编号	轴承腔号	心轴编号
					入孔	出孔	入孔	出孔				入孔	出孔						

回次	钻具组合(自下至上)	总长(m)

泥浆性能			接班数据(m)			交班数据(m)			交接班及重大事件记录
密度(g/cm^3)			井深			井深			
粘度(s)			钻具	方钻杆		钻具	方钻杆		
API 失水(mL)				单根(总长/根数)			单根(总长/根数)		
泥饼(mm)				立根(总长/根数)			立根(总长/根数)		
切力	10s(Pa)			钻铤(总长/根数)			钻铤(总长/根数)		
	10min(Pa)			接头(总长/个数)			接头(总长/个数)		
含砂量(%)				取心工具总成			取心工具总成		
pH 值									
			机高			机高			
			机余			机余			
累计进尺(m)			累计岩心长度(m)			采取率(%)			

机长　　　　班长　　　　记录员　　　　泥浆泵　　　　技术员(签名)　　　　甲方代表(签名)

附 录 B
(规范性附录)
非煤固体矿产勘查钻孔质量验收标准

非煤固体矿产勘查钻孔质量验收标准见表 B.1。

表 B.1 非煤固体矿产勘查钻孔质量验收标准

验收项目	一级孔	二级孔	三级孔
岩矿心采取与管理	地质设计要求取心的岩层,分层岩心采取率不低于 70%	地质设计要求取心的岩层,分层岩心采取率不低于 65%	达不到二级孔标准要求又不属于废孔者
	矿层(包括顶、底板上下 5 m 范围内的岩石)采取率不低于 80%;厚大矿体内部矿心采取率低于 80%的连续长度不能超过 2 m	矿层(包括顶、底板上下 5 m 范围内的岩石)采取率不低于 80%;厚大矿体内部矿心采取率低于 80%的连续长度不能超过 2 m;矿心采心率低于 80%,经过补采达到 80%	
	采取的岩矿心,应洗净后自上而下按次序装箱,不颠倒或拉长,按规定编号,并填放回次岩心票(包括没有岩心的回次),岩心箱进行规范标注,箱子规格符合要求且结实	岩矿心未洗净,未按规定编号,岩心箱不符合规格要求或标注不规范	
钻孔弯曲与测量间距	钻孔顶角≤3°时,每钻进 100 m 测一次顶角;顶角>3°时,每钻进 50 m 测一次顶角和方位角;定向及易斜孔,应适当缩短测量间距	钻孔顶角≤3°时,每钻进 100 m 测一次顶角;顶角>3°时,每钻进 50 m 测一次顶角和方位角;定向及易斜孔,应适当缩短测量间距	
	直孔顶角允许偏差≤2°/100 m,斜孔≤3°/100 m,按孔深累计计算	钻孔顶角允许偏差超标,但地质上可利用	
	钻孔方位角偏差满足地质设计对矿体控制要求	钻孔方位角偏差满足地质设计对矿体控制要求	
	测斜仪器先进,性能良好,经过校正;磁性勘查区用防磁测斜仪器	测斜仪器较先进,性能较好,经过校正;磁性勘查区用防磁测斜仪器	
简易水文观测	在以清水为冲洗液的钻孔每班至少要观测 1～2 回次孔内水位(绳索取心钻孔以实际提钻次数作为回次数,每回次均要观测);未下好井口管的孔段和泥浆钻进的钻孔终孔后观测稳定水位 24 h,每小时记录一次	在以清水为冲洗液的钻孔每班至少要观测 1～2 回次孔内水位(绳索取心钻孔以实际提钻次数作为回次数,每回次均要观测);未下好井口管的孔段和泥浆钻进的钻孔终孔后观测稳定水位 24 h,每小时记录一次	
	钻进时遇有涌水、漏水、溶洞等现象时,及时记录其深度	未认真记录	
孔深误差的测量与校正	每钻进 100 m、进出含矿层(矿层小于 5 m 只测一次)、下套管前、终孔后、重要构造位置、层位进行孔深测量。误差率为 1‰者不修正报表,误差率≥1‰修正报表	未按要求进行孔深测量,测量次数不足;孔深误差率超标,未及时修正	
	测量用钢尺要经过校正	测量用钢尺要经过校正	

表 B.1　非煤固体矿产勘查钻孔质量验收标准(续)

<table>
<tr><th>验收项目</th><th>一级孔</th><th>二级孔</th><th>三级孔</th></tr>
<tr><td rowspan="2">原始班报表</td><td>在现场用钢笔、碳素笔及时填写，真实、齐全、准确、整洁，终孔后装订成册</td><td>在现场用钢笔、碳素笔及时填写，真实、齐全、准确、整洁，终孔后装订成册</td><td rowspan="6">达不到二级孔标准要求又不属于废孔者</td></tr>
<tr><td>交接班班长和机长、记录员要亲笔签字，不得代签</td><td>机长、班长、记录员签字不完整或未亲笔签字，他人代签</td></tr>
<tr><td rowspan="3">封孔</td><td>要有“封孔设计书”</td><td>要有“封孔设计书”</td></tr>
<tr><td>水泥封孔用强度等级 P32.5 以上未过期、未失效的水泥，水灰比符合设计要求，水泥固结牢固。需要对封孔质量进行验证的，有透孔取样检查记录</td><td>水泥强度等级、质量、水灰比不符合要求。设计中有透孔检查要求而未透检</td></tr>
<tr><td>终孔埋设水泥标志桩，并保证其质量</td><td>未埋设水泥标示桩</td></tr>
<tr><td>钻孔技术档案</td><td>按要求填写钻孔技术档案(工作地区技术文件、钻孔技术文件)，在三天内提交地质负责人</td><td>未认真填写钻孔技术档案，有缺项，未按时提交</td></tr>
<tr><td>全孔质量评定说明</td><td colspan="3">1. 根据上述标准在质量验收报告“质量评定”栏中填写一级、二级或三级。表中各项指标评定为一级的则可评为“一级孔”；有一项指标评定为二级，其他为一级的则评定为“二级孔”
2. 废孔的确定：属于下列情况之一者，钻孔质量验收为废孔
(1)因钻探施工原因没有达到钻孔设计目的者
(2)钻孔终孔深度大于 100 m，但因钻探原因而没有钻孔弯曲测量资料者；没有取得系统的方位角资料，地质资料无法利用者</td></tr>
</table>

附　录　C
（规范性附录）
非煤固体矿产岩心钻探钻孔质量考评表

非煤固体矿产岩心钻探钻孔质量考评见表 C.1。

表 C.1　非煤固体矿产岩心钻探钻孔质量考评表

检查内容	具　体　要　求	标准分	评分
岩、矿心采取率与整理（45 分）	(1)地质要求取心的岩层，钻孔平均岩心采取率不得低于 75%(10 分)	45	
	(2)矿化带重要标志层以及矿层与矿层顶、底板和 3～5 m 范围内的采取率不得低于 80%（岩金矿 85%）(15 分)		
	(3)可采薄矿层（厚度不小于 4～5 m)，每层平均采取率不低于 75%；厚度较大矿层从矿层顶板开始依次每 5 m 或 10 m 的平均采取率不低于 75%（岩金矿 80%）(10 分)		
	(4)取出的岩、矿心，应洗净后自上而下按次序装箱，不得颠倒或任意拉长，岩心应按规定编号，每回次应填放岩心票(包括没有岩心的回次)(10 分)		
钻孔弯曲与测量间距（20 分）	(1)垂直孔允许顶角每 100 m 弯曲 2°，斜孔每 100 m 弯曲 3°，按孔深累计计算(4 分)	20	
	(2)方位角偏差，在设计时与地质工作人员商定，一般不超过勘探网的 1/3～1/4(4 分)		
	(3)测量间距，实测顶角小于 5°时，每钻进 50 m 测一次顶角和方位(4 分)		
	(4)磁性勘查区要用防磁侧斜方法(4 分)		
	(5)终孔测斜地质编录员应在现场监督(4 分)		
简易水文观测（15 分）	(1)在以清水为清洗液的钻孔每班至少要测 1～2 次孔内水位，未下好井口管的孔段和泥浆钻进的孔可以不测(5 分)	15	
	(2)每次观测应在提钻后、下钻前各测量一次，其间隔时间应大于 5 min(5 分)		
	(3)钻进时遇有涌水、漏水、溶洞等现象应及时记录其孔深(5 分)		
孔深误差的测量与校正（5 分）	(1)每钻进 100 m、进出含矿层（矿层小于 5 m 只测一次）、终孔后均要进行一次孔深测量，误差小于 1‰者可不修正孔深(3 分)	5	
	(2)测量要经过校准的钢尺(1 分)		
	(3)见矿与终孔校正，地质编录员应在现场监测(1 分)		
原始班报表(5 分)	(1)在现场及时填写，真实、准确、整洁，终孔后装订成册(3 分)	5	
	(2)交接班班长和机长要亲笔签字，不代签(2 分)		
封孔（10 分）	(1)应有“封孔通知书”和“封孔设计书”(3 分)	10	
	(2)水泥封孔要用 P32.5 号以上未过期的水泥，水灰比要符合设计要求(3 分)		
	(3)每封完一层要在封孔段顶部位置取水泥浆样证实(2 分)		
	(4)搬迁后要埋水泥标注，并保证其质量(2 分)		